职业卫生防护知识随身读

# 职业中毒防护知识随身手册

本书编写组◎编

中国工人出版社

**图书在版编目（CIP）数据**

职业中毒防护知识随身手册 /《职业中毒防护知识随身手册》编写组编.
—北京：中国工人出版社，2018.5
ISBN 978-7-5008-6940-5

Ⅰ.①职…　Ⅱ.①职…　Ⅲ.①职业中毒—预防（卫生）　Ⅳ.①R135.1

中国版本图书馆CIP数据核字（2018）第088835号

职业中毒防护知识随身手册

| | |
|---|---|
| **出版人** | 芮宗金 |
| **责任编辑** | 李素素 |
| **责任校对** | 赵贵芬 |
| **责任印制** | 栾征宇 |
| **出版发行** | 中国工人出版社 |
| **地　　址** | 北京市东城区鼓楼外大街45号　邮编：100120 |
| **网　　址** | http://www.wp-china.com |
| **电　　话** | （010）62005043（总编室）<br>（010）62005039（出版物流部）<br>（010）62382916（职工教育分社） |
| **发行热线** | （010）62005996　（010）82075964（传真） |
| **经　　销** | 各地书店 |
| **印　　刷** | 北京美图印务有限公司 |
| **开　　本** | 787毫米×1092毫米　1/32 |
| **印　　张** | 3.125 |
| **字　　数** | 42千字 |
| **版　　次** | 2018年6月第1版　2018年6月第1次印刷 |
| **定　　价** | 15.00元 |

# 前言 Preface

职业健康安全是全面小康的必然要求，也是全面小康的重要内容。习近平总书记强调，没有全民健康，就没有全面小康。近年来，在全社会各方面的共同努力下，我国职业健康安全状况不断改善，事故起数和死亡人数连续多年下降、职业病防治取得积极进展，但发展不平衡、不充分的问题仍然突出，安全生产和职业病防治形势不容乐观。在生产劳动中，接触生产中使用或产生的有毒化学物质，粉尘气雾，异常的气象条件，高低气压，噪声，振动，微波，X 射线，γ 射线，细菌，霉菌；长期强迫体位操作，局部组织器官持续受压；等等，均可引起职业病。

随着职业病防治工作的推进，各级工会、安监机构以及企业举行了各种形式的活动来普及职业病防治知识，监督企业改进生产装置，帮助职工防范职业病的发生。这类活动不仅让职工尊法、学法、守法、用法，运用法律的武器来维护自己的权益。另外，不断加强职业病防治法律法规、职业病防治知识的宣传普及，建立职业病防治宣传工作长效机制也尤为重要。

为深入贯彻落实《职业病防治法》，中国工人出版社组织职业病防治领域专家策划出版了“职业卫生防护知识随身读”丛书。首批推出《职工个体防护知识随身手册》《职业卫生应急知识随身手册》《尘肺病预防知识随身手册》《噪声危害防护知识随身手册》和《职业中毒防护知识随身手册》五本口袋书，希望引导职工了解更多职业病危害及防范措施，提高自我防护能力。书中的疏漏和不足之处，恳请各位读者不吝指正。

编者

2018 年 3 月

# 目录 Contents

## 第一部分 职业中毒概述

## 第二部分 金属与类金属中毒及预防

## 第三部分　刺激性气体中毒及预防



## 第四部分　窒息性气体中毒及预防

## 第六部分 苯胺中毒及预防



## 第七部分 有机磷农药中毒及预防

# 第一部分

# 职业中毒概述

## 01 什么是毒物?

毒物是指在一定条件下，以较小的剂量进入人的体内，对人体产生损害作用或使肌体出现异常反应，通常表现为功能性或器质性改变的化学物质。

所谓功能性改变是指毒物进入人体后，肌体会出现相应的症状，经过一段时间后，这些症状基本消失，人体的功能恢复正常，且没有后遗症。器质性改变是指毒物进入人体后，肌体会出现相应的症状，一段时间后，这些症状不能够完全消失或者是部分消失，人体的某些功能出现障碍，且留有后遗症的状况。

毒物与非毒物之间本身并没有绝对的界限，只有当剂量发生改变时，毒物与非毒物之间才会发生相互转变。也就是说，在一定条件下，任何一种化学物质都可以是有毒的。

常识速记

吗啡是一种麻醉药，在适当的浓度范围内，可用于由于手术、创伤、烧伤引起的剧烈疼痛的镇痛，这时我们称它为药物；当使用浓度过大或使用时间过长时，过量的吗啡会引起急性或慢性中毒，这时我们就称它为毒物。

## 02 什么是生产性毒物？

生产性毒物是指在生产劳动过程中产生或使用的各种有毒物质，生产性毒物又叫工业毒物。这包括生产原料、成品、辅剂、中间体、副产品、杂质等生产过程中出现的化学物质。例如，在聚氯乙烯的生产过程中，氯气和乙烯通过氯化生成二氯乙烷，氯气和乙烯为生产原料，二氯乙烷为中间体；脱氯化氢生成氯乙烯，氯化氢为副产品；氯乙烯通过聚合生成聚氯乙烯树脂，聚氯乙烯树脂为成品。

常识速记

生产性毒物在生产环境中有以下几种形态：（1）固体，如氰化钠、对硝基氯苯。（2）液体，如苯、汽油等有机溶剂。（3）气体，如二氧化硫、氯气等。（4）蒸气，如喷漆作业中的苯、汽油、醋酸酯类等的蒸气。（5）粉尘，能较长时间悬浮在空气中的固体微粒，如炸药厂的三硝基甲苯粉尘。（6）烟（尘），如某些金属熔融时产生的蒸气在空气中迅速冷凝或氧化而形成的危害物。

## 03 生产性毒物通过哪些途径进入人体?

在生产条件下，工业毒物主要通过三种形式进入人体，即呼吸道、皮肤和消化道。

（1）通过呼吸道进入人体。多数工业毒物会通过呼吸系统，即鼻、咽、喉、气管、支气管和肺进入人体，进而引起中毒。多数工业毒物都会以气体、蒸汽或颗粒物质的形式进入呼吸道。

（2）通过皮肤进入人体。人体的皮肤由两部分构成，即表皮和真皮。工业毒物主要通过两条途径被皮肤吸收：一是通过表皮到达真皮，从而进入人体血液循环系统，再经过血液循环将毒物带到全身而引起中毒；二是通过毛囊进入体内，直接透过皮脂腺细胞和毛囊壁进入真皮。

常识速记

毒物经皮肤吸收的主要影响因素有：皮肤的完整性、皮肤的部位与接触面积、毒物的浓度、使用的溶剂、外界的气温与湿度等。在生产条件下，经完整的皮肤吸收可引起中毒的毒物有：有机磷农药、苯胺、三硝基甲苯、有机金属等。

（3）通过消化道进入人体。工业毒物经过消化道进入人体引起中毒的情况比较少见。个别情况下，如个人卫生习惯不好和发生意外时，会发生毒物通过吃饭或喝水的途径进入人体后引起的中毒。进入消化道的毒物主要在小肠被吸收，再进入循环系统。有的毒物比较特殊，如氰化物，在口腔内就可以经黏膜被吸收而引起中毒。

## 04 毒物在人体内经由哪四个过程进行代谢？

毒物进入人体后的四个代谢过程分别是分布、生物转化、排出和蓄积。

（1）分布。分布是指毒物在进入人体后，首先随着血液循环，部分毒物会随着淋巴循环分布到全身各处，当毒物在作用点的浓度达到一定程度时，肌体就会出现中毒反应。

**常识速记**

开始时，毒物往往会定位在血液循环比较充足的地方，或一些容易透过的、有膜的组织或器官，以后再缓慢地扩散到血液循环比较差的部位，比如，铅被吸收进入血液循环后，会很快在血浆及红细胞之间取得平衡。

（2）生物转化。生物转化是指毒物进入人体后，受到体内生化过程的作用，其化学结构会发生一定的改变，这个过程称为毒物的生物转化。大多数有机毒物在体内的代谢转化反应可归结为氧化、还原、水解及结合。

常识速记

生物转化的结果通常包括两个方面：一是通过生物转化可以使毒物的毒性降低，我们也称为解毒作用；二是增毒作用，也就是通过生物转化可使毒物的毒性增加。

（3）排出。毒物排出体外的途径有多种，其中肾脏是最主要的一个途径。除了肾脏以外，其他途径对排出一些毒物也是非常重要的。

常识速记

肺可以排出有毒有害的气体及蒸汽，肝及胆道可以排出部分农药以及铅、锰等金属，肌体内的各种分泌腺也可以排出毒物，等等。

（4）蓄积。蓄积是指毒物或者其代谢产物在接触间隔期内，如果不能完全排出体外，则可在人体内逐渐积累的一种现象。毒物的蓄积作用是引起慢性中毒的物质基础。

## 05 什么是职业中毒?

在工业生产环境中，由工业毒物或者是生产性毒物引起的作业人员中毒，通常称为职业中毒。职业中毒对人体的作用表现为局部作用和全身作用两种方式。局部作用常表现为对皮肤黏膜的刺激和腐蚀作用，全身作用常表现为接触部位以外的器官损害。例如，缺氧等全身损伤，以及对肝脏、肾脏、血液等器官、系统的损害。

## 06 职业中毒有哪三种病型?

职业中毒可以分为急性职业中毒、亚急性

职业中毒和慢性职业中毒三种病型。

（1）急性职业中毒。急性职业中毒是指作业人员在短时间内吸入高浓度的工业毒物或一次性接触大剂量的工业毒物所引起的中毒。

常识速记

作业人员在生产劳动过程中，短时间接触到高浓度的氰化氢、硫化氢、一氧化碳等毒物时，很容易发生中毒事故，引起急性中毒。引起急性中毒的主要原因是这些毒物进入人体内后会迅速发生变化，在体内的蓄积作用反而不明显。

（2）亚急性职业中毒。亚急性职业中毒是指介于急性职业中毒与慢性职业中毒之间的一种中毒，通常作业人员接触毒物的浓度比较高，在1~3个月内发病，如亚急性铅中毒等。

（3）慢性职业中毒。慢性职业中毒是指长期吸入较低浓度的工业毒物或者是接触较低剂量工业毒物而引起的中毒。

常识速记

由于各种职业毒物的毒性各不相同，有些毒物在作业环境中，难以达到引起急性中毒的浓度，如铅、锰、镉等金属毒物，一般只会引起慢性中毒；还有些毒物毒性比较大，很容易散发到空气中或污染作业人员的皮肤，最终引起作业人员慢性中毒，如氯气、二氧化硫、二氧化氮、苯等毒物。

## 07 职业中毒可以分为哪几类？

（1）金属中毒和类金属中毒。如铅、四乙基铅、锰、汞、镉、铍、砷等各有不同的损伤器官——靶器官，在临床会表现出具有各自特点的症状和体征。

（2）刺激性气体中毒。如氯、氨、光气、二氧化氮、二氧化硫、臭氧等气体主要引起急性中毒，出现急性支气管炎、化学性肺炎和肺水肿等临床症状和体征。

（3）窒息性气体中毒。如一氧化碳、硫化氢、氰化氢等中毒，可出现缺氧、昏迷等症状和体征，甚至死亡。

（4）有机溶剂中毒。如芳香烃类、脂肪烃类、卤代烃类、醇类、醚类、脂类、酮类和其他，具有脂溶性、亲神经性，主要引起麻醉作用。此外，苯中毒的慢性中毒还表现为抑制骨髓造血；卤代烃具有肝脏毒性。

（5）苯的氨基、硝基化合物中毒。如苯及其同系物苯环上的氢原子被一个或几个氨基（$-NH_2$）或硝基（$-NO_2$）取代后，即可以形成苯的氨基或硝基化合物。

常识速记

苯胺和硝基苯等，可使血红蛋白氧化成高铁血红蛋白，由于高铁血红蛋白能显示青紫色并且不能携带氧，因此会使病人出现发绀和缺氧等相关临床症状。

（6）农药中毒。如有机磷和氨基甲酸酯类杀虫剂、杀虫脒、拟除虫菊酯杀虫剂等，主要影响中枢神经系统功能，中毒后会出现昏迷、抽搐等症状和体征。此外，有机磷杀虫剂还可引起肺水肿，杀虫脒可引起中毒人员发绀。

## 08 职业中毒有哪几个特点？

(1) 传统的职业危害尚未控制，新危害不断产生。

(2) 急性职业中毒多发，且危害具有群体性，致死、致残率高，侵害劳动者健康权益问题突出。

(3) 农民工大量涌入城市，职业防护意识淡薄，权益难以得到保障，健康影响难以估计和控制。

(4) 一些具有风险性的产品由境外向境内转移。

(5) 职业病疾病谱发生变化，出现一些严重的化学品危害事故，如正己烷中毒、三氯乙烯中毒等新发职业病。

## 09 职业中毒的种类有哪些?

根据2017年11月4日修正的《中华人民共和国职业病防治法》，职业病分类和目录中的职业中毒有60种，具体如下：

（1）铅及其化合物中毒（不包括四乙基铅）。

（2）汞及其化合物中毒。

（3）锰及其化合物中毒。

（4）镉及其化合物中毒。

（5）铍病。

（6）铊及其化合物中毒。

（7）钡及其化合物中毒。

（8）钒及其化合物中毒。

（9）磷及其化合物中毒。

（10）砷及其化合物中毒。

（11）铀及其化合物中毒。

（12）砷化氢中毒。

（13）氯气中毒。

（14）二氧化硫中毒。

（15）光气中毒。

（16）氨中毒。

（17）偏二甲基肼中毒。

（18）氮氧化合物中毒。

（19）一氧化碳中毒。

（20）二硫化碳中毒。

（21）硫化氢中毒。

（22）磷化氢、磷化锌、磷化铝中毒。

（23）氟及其无机化合物中毒。

（24）氰及腈类化合物中毒。

（25）四乙基铅中毒。

（26）有机锡中毒。

（27）羰基镍中毒。

（28）苯中毒。

（29）甲苯中毒。

（30）二甲苯中毒。

（31）正己烷中毒。

（32）汽油中毒。

（33）一甲胺中毒。

（34）有机氟聚合物单体及其热裂解物中毒。

（35）二氯己烷中毒。

（36）四氯化碳中毒。

（37）氯乙烯中毒。

（38）三氯乙烯中毒。

（39）氯丙烯中毒。

（40）氯丁二烯中毒。

（41）苯的氨基及硝基化合物（不包括三硝基甲苯）中毒。

（42）三硝基甲苯中毒。

（43）甲醇中毒。

（44）酚中毒。

（45）五氯酚（钠）中毒。

（46）甲醛中毒。

（47）硫酸二甲酯中毒。

（48）丙烯酰胺中毒。

（49）二甲基甲酰胺中毒。

（50）有机磷中毒。

（51）氨基甲酸酯类中毒。

（52）杀虫脒中毒。

（53）溴甲烷中毒。

（54）拟除虫菊酯类中毒。

（55）铟及其化合物中毒

（56）溴丙烷中毒。

（57）碘甲烷中毒。

（58）氯乙酸中毒。

（59）环氧乙烷中毒。

（60）上述条目未提及的与职业有害因素接触之间存在直接因果联系的其他化学中毒。

## 10 怎样消除和控制工作环境中的毒物？

（1）改革工艺过程。采用无毒或低毒的物质代替有毒物质，限制原料中有毒杂质的含量。

（2）合理设置厂房建筑和生产过程。生产过程尽可能机械化、自动化和密闭化，减少工人接触毒物的机会。

（3）加强通风排毒。在有毒物质生产过程中，如密闭不严，仍有毒物逸散入作业环境中时，应利用局部通风排毒系统将毒物排出。

常识速记

例如，用硅整流器代替汞整流器，用无汞仪表代替含汞仪表，这要求替代物不能影响产品质量。

## 11 怎样做好个体防护？

（1）合理使用个体防护用品，如防毒面具、防护服装等。个体防护在预防职业中毒中虽然不是根本性的措施，但在作业环境不能实现完全无害化时，例如在狭小的船舱中、锅炉内电焊、维修等情况下，个体防护是重要的辅助措施。

（2）加强健康教育，做好以下卫生保健工作。

表 1-1 日常职业毒物卫生保健工作

| 卫生保健工作 | 具体做法 |
| --- | --- |
| 卫生宣传教育 | 加强卫生宣传教育，普及职业卫生知识 |
| 安全保护工作 | 做好生产环境检测工作，防止误服毒品等意外伤害发生 |
| 职业健康监护 | 合理供应保健食品；对接触毒物的作业人员，合理实施有毒作业保健待遇制度，适当开展体育锻炼，以增强体质，提高肌体的抵抗能力 |
| 职业健康体检 | 按规定周期进行职业健康体检，建立职业健康档案，可以早期发现健康损害，调整工作岗位 |

第二部分

# 金属与类金属中毒及预防

## 01 什么是铅？

铅是一种柔软、灰白色的重金属，熔点为327℃，沸点为1525℃。当加热到400℃～500℃时，会立即逸出大量的铅蒸气。

## 02 可能引起铅中毒的相关作业有哪些？

铅是一种古老的毒物，它对人体毒性作用的强弱与铅化合物在人体内的溶解度、铅烟尘颗粒的大小、中毒途径等因素有很大关系。

在生产劳动过程中，铅矿的开采及冶炼、蓄电池、制造含铅耐腐蚀的化工设备、管道、构件等熔铅作业的工人最容易发生铅中毒。这主要是由于他们吸入作业环境中的铅烟、铅尘或铅蒸气等有毒物质引起的。

常识速记

铅烟尘的颗粒越小，就越容易进入人体。在相同的时间内，颗粒越小的铅烟尘进入人体的量就越多，对人体的毒害作用就会越大。

## 03 铅中毒的主要原因有哪些？

（1）很多乡镇企业设备差，炼铅的工艺非常落后，作业环境中没有通风、防粉尘等相关设备。

（2）作业人员在岗的劳动强度大，工作时间长，且不注意自我防护。

（3）企业没有按规定给作业人员配备个体防护用品。

## 04 铅中毒的症状有哪些？

铅中毒的病人经常会出现食欲不振、口内

有金属异味、腹胀、恶心、便秘等症状。其中腹绞痛是铅中毒最突出的症状之一，其发作前常会伴有腹胀和顽固性便秘等先兆症状。

除了腹绞痛外，铅中毒病人还会表现出贫血、头痛、头昏、乏力、失眠、多梦、健忘等症状，其中以头昏、全身无力这两个症状比较明显。

常识速记

腹绞痛多数为突发性的，疼痛部位多在肚脐的周围，也有的病人表现为肚脐以上或以下腹部的疼痛，疼痛常剧烈难忍，服用一般止痛药，也不容易缓解。如果按压腹部疼痛会稍有减轻，但病人常伴有面色苍白、全身出冷汗等症状。

## 05 铅中毒病人应注意什么？

治疗铅中毒的病人时要注意让病人适当休息，合理营养，多吃些富含维生素的食品。目前，针对铅中毒的病人有一种特效疗法，即使用金属络合剂进行治疗，也称为驱铅治疗。治疗时，首选金属络合剂是依地酸二钠钙，其次是二巯基丁二酸钠。

常识速记

血铅超标的危害主要表现在三个方面。

(1) 人体内铅元素过量会造成体内钙质大量流失，造成骨质疏松。

(2) 人体内铅元素过量会对脑部神经造成巨大伤害，造成记忆力、智力下降。

(3) 铅元素过量就会对消化道吸收磷产生抑制作用，还会抑制胃蛋白酶的活性，妨碍人体的消化吸收功能。

## 06 铅作业安全生产注意事项有哪些?

治疗铅中毒病人除了使用驱铅治疗外，为了避免发生铅中毒事件，铅作业相关单位及人员应注意以下几点：

（1）生产设备尽可能实现隔离封闭，工作现场要设置通风设施等防护装置。

（2）个人防护方面，工作时要佩戴防铅口罩。防铅口罩可以是用纱布浸乙酸做的口罩，也可以是用滤纸或滤膜做的口罩。

（3）要定期洗换工作服，用过的手套不能翻过来继续使用。

（4）不要在从事铅作业的车间内吃饭、饮水或吸烟。如果不得不在作业场所饮水时，最好使用带盖的饮水杯。

（5）下班后或吃饭前要洗手，首先用3%～4%乙酸水浸泡双手1～3分钟，其次用肥皂水刷洗3～5分钟，最后再用自来水冲洗，效果会更好。

常识速记

注意保持佩戴口罩的安全性，经常检查，并及时更换滤纸、滤膜。朝着毒尘方向的那一面滤纸或滤膜若有颜色改变，即判断为失效，不能继续使用。

## 07 什么是汞?

汞是一种银白色的液态金属，它的熔点是-38.9℃，沸点是356.6℃。与其他金属不同的是，汞在常温下是液态，可以蒸发，表面张力大，且很容易形成一些小的汞珠。随着小汞珠数量的不断增加，其表面积也在不断增大，蒸发的面积自然也就会增大。汞不溶于水和有机溶剂，但溶于硝酸和类脂质。

## 08 可能引起汞中毒的相关作业有哪些?

（1）汞矿的开采与冶炼。

（2）金属汞广泛用于仪器仪表的制造和电工器材的制造和维修。

（3）化学工业中用汞做阴极和催化剂。

（4）冶金工业中用汞齐法提炼贵重金属，如金、银。

（5）口腔科用银汞合金补牙（填龋洞）。

（6）汞的化合物广泛用作塑料、染料工业的催化剂，氯化高汞（$HgC_{12}$）用于医药、冶金、木材防腐等。

## 09 汞中毒的症状有哪些？

汞中毒病人有急性汞中毒和慢性汞中毒两种情况。

（1）急性汞中毒的病人通常表现为发病比较急，伴随有低热或中度发热；出现牙齿疼痛、口腔黏膜溃疡、口渴、恶心、呕吐、腹痛、腹泻、头痛、头晕、睡眠障碍、情绪易激动以及手指震颤等症状。

（2）慢性汞中毒的病人多表现为神经衰弱综合征；眼睑、舌、手指、四肢等部位震颤；口腔炎、胃肠功能紊乱、肾功能损害等症状。

常识速记

汞是液体，易挥发，多数情况下会以蒸气的形式经呼吸道进入人体。此外，它还可以经皮肤或消化道在人的肾脏、肝脏、心脏和神经系统蓄积。

## 10 怎样避免发生汞中毒事件？

（1）尽可能将生产设备密闭，与操作人员隔离。工作现场应设置通风装置等防护设施，及时清理散落的汞及汞化合物。

（2）对误服汞盐的病人，要尽快给他们灌服含有高蛋白的物质或用活性炭吸附，千万不能洗胃。

（3）在从事汞作业的过程中，要注意穿戴好防汞工作服、手套和工作帽，佩戴防汞口罩。

（4）不要在从事汞作业的车间内吃饭、饮水或吸烟。如果不得不在作业场所饮水时，最好使用带盖的饮水杯。

（5）尽量留短头发，常剪指甲，避免这些部位积聚汞尘。

常识速记

有条件的员工，在工作结束后，最好用高锰酸钾溶液漱口。为防止扩大汞污染范围，作业人员最好能在工作单位洗个澡，换下工作服、工作帽、手套等个体防护用品后再回家，以免将汞带入家中，引起家人汞中毒。

## 11 什么是砷？

砷有灰、黄、黑三种同素异形体，质脆而硬，具有金属性。砷的毒性很低，但其化合物均有毒性，通常三价砷化合物比五价砷化合物毒性高。砷的氧化物和盐类绝大部分属高毒类。急性中毒主要为误服三氧化二砷，也就是我们常提到的砒霜及其他可溶性化合物所导致。

## 12 可能引起砷中毒的作业有哪些?

（1）铅、铜及其他含砷有色金属的冶炼，砷以蒸气状态逸散在空气中，形成氧化砷。

（2）在处理烟道和矿渣、维修燃烧炉作业中会接触三氧化二砷粉尘。

（3）从事含砷农药、含砷防腐剂（如砷化钠）等制造和应用的工作。

## 13 砷中毒的症状是什么?

砷化合物可经呼吸道、消化道或皮肤进入人体。

（1）急性砷中毒在生产劳动过程中比较罕见。当人吸入大量的砷化合物粉尘颗粒时，就会出现流涕、咳嗽、胸痛和呼吸困难、呕吐、腹痛和腹泻等症状。症状严重的病人常表现为烦躁不安、抽搐、昏迷。

（2）慢性砷中毒除了表现为无力、厌食、恶心、呕吐等症状外，还有可能出现色素沉着、毛发脱落等皮肤病变。

## 14 砷中毒有什么危害？

如果人体的某个部位长时间接触砷及其化合物，那么这个部位就有出现皮肤癌的风险；此外，长期接触砷，还可能引起肺癌，发病率比较低。

## 15 砷作业安全生产注意事项有哪些？

（1）在冶炼、冶金及农药制造的过程中，生产设备应采取密闭、通风等工程技术措施。

（2）在维修设备和应用砷化合物过程中，要加强个人防护，减少工人接触砷的机会。

（3）离开工作现场要及时更换工作服并自我清洁，严禁将工作服等带出生产区。

# 第三部分

# 刺激性气体中毒及预防

## 01 什么是氯?

氯（$C_{12}$）是一种黄绿色、有强烈刺激性臭味的气体，可以溶于水和碱性溶液，易溶于二硫化碳和四氯化碳等有机溶剂。氯气遇水后生成次氯酸和盐酸，再分解为新生态氧。在高压下，氯气可以液化成液氯。

## 02 可能引起氯气中毒的作业有哪些?

(1) 电解食盐，制造各种含氯化合物、造纸、印染及自来水消毒等的工业。

(2) 氯的制造或使用过程中，若设备管道密闭不严或检修时均可接触到氯；其中液氯灌注、运输和贮存时，若钢瓶密封不良或被腐蚀而泄漏，可发生大量氯气的逸散，最终导致群体中毒事件。

## 03 氯气中毒的症状及危害有哪些？

氯气主要经过呼吸道进入人体，作用于气管、支气管和肺部。它对机体的损害程度与接触浓度、时间等因素有很大关系。接触氯气的浓度越高，接触时间越长，对机体的损害越严重。

常识速记

通常，低浓度的氯气对人的眼睛以及上呼吸道有刺激和烧灼危害；高浓度的氯气可引起气管炎、支气管炎，甚至化学性肺水肿；极高浓度的氯气还可以引起人猝死。

## 04 急性氯气中毒的表现形式有哪些？

急性氯气中毒有四种表现形式，由轻到重

分别为：刺激反应、轻度中毒、中度中毒和重度中毒。

(1) 氯气的刺激反应表现为，刚开始接触时会出现眼及上呼吸道的刺激症状，比如打喷嚏等症状，这种症状很快就会消失，不会留下后遗症。

(2) 轻度中毒主要表现为支气管炎和支气管周围炎，出现流泪、流涕、咳嗽、胸闷等症状。

(3) 中度中毒常表现为上述症状加重，咳嗽、咳痰、气短、胸闷或胸痛，并伴有头痛、乏力、恶心、腹胀等症状。

(4) 重度中毒表现为咯大量白色或粉红色泡沫痰，呼吸困难，休克，中、重度昏迷，甚至猝死并伴有严重并发症，如气胸、纵隔气肿等症状。

## 05 氯气对人体的慢性损害有哪些?

氯气对人体的慢性损害主要表现为上呼吸道、眼结膜、皮肤方面的刺激症状及神经衰弱综合征、氯痤疮、牙齿酸蚀症等。

## 06 预防氯气中毒需要注意什么?

(1) 用人单位要依法对从事与氯气有关的作业人员进行上岗前体检和定期体检，给他们建立职业健康档案。

(2) 要求作业人员严格遵守企业安全操作规定，定期检查设备，防止发生跑、冒、滴、漏。

(3) 对相关人员进行培训，监督他们正确使用个体防护用品，以防止事故发生。

(4) 氯气大量泄漏时及时向上风向撤离，做好应急准备工作，稳妥处理意外情况。

(5) 作业现场应放置防毒面罩等应急救援用品。

**常识速记**

要爱护防毒面罩等防护用具，非必要时不要开封，开封后长时间放置会自然失效。

## 07 什么是氨？

氨是一种无色带有刺激性恶臭味的气体。分子式 $NH_3$，分子量 17.03。相对密度 0.597，熔点-77.7℃，沸点-33.35℃。蒸气与空气混合物爆炸极限 16%～25%（最易引燃浓度 17%）。水溶液呈碱性，溶于氯仿、乙醚，它是许多元素和化合物的良好溶剂。

## 08 可能引起氨中毒的相关作业有哪些？

（1）合成氨生产，应用氨制造硫铵、硝铵、尿素等化肥制碱、制药、塑料、树脂、合成纤维、石油精炼等行业。

（2）一些办公室工作人员也容易出现氨中毒。室内的氨主要来自建筑施工中使用的混凝土添加剂，特别是在冬季施工过程中，在混凝土墙体中加入以尿素和氨水为主要原料的混凝土添加剂，有助于提高混凝土的强度和施工速度。这些含有大量氨类物质的添加剂在墙体中随着温度、湿度等环境因素的变化，逐渐还原成氨，再从墙体中缓慢地释放出来，造成室内空气中氨浓度的增加。此外，室内空气中的氨还可以来自室内装饰材料，如增白剂等。

## 09 氨中毒的症状和危害有哪些?

氨主要是经过呼吸道进入人体，可引起对神经系统、呼吸系统、消化系统、免疫系统等多个系统的损害。

（1）氨对人体健康的危害与室内氨污染的水平有关。

（2）当室内空气中的氨浓度达到 0.3mg/m$^3$ 时，人会感觉有异味和不适。

（3）当氨浓度达到 0.63mg/m$^3$ 时，可引起眼结膜的刺激反应；当氨浓度达 1.53mg/m$^3$ 时，可引起咳嗽、流泪等不良反应。

常识速记

高浓度的氨会引起头晕、头痛、恶心、胸闷和气喘等症状，严重的可引起肝脏等脏器的损害。

## 10 预防氨中毒的措施有哪些？

（1）作业场所应放置防毒面罩等应急救援器具，做好应急准备，生产区域应设置通风装置及应急冲洗设施。

（2）皮肤灼伤应迅速用3%的硼酸液或清水冲洗。

（3）眼灼伤时应及时用3%的硼酸液冲洗，在12小时内做到每15~30分钟冲洗1次。

（4）因为氨大多是从墙体中释放出来的，室内主体墙的面积会影响室内氨的含量，所以不同结构室内空气中氨的污染程度也不同。使用者应根据各房间内氨的污染情况合理安排，污染严重的房间尽量不要用作办公室。

（5）尽量使用经权威部门检测各项环保指标均合格的建筑装饰装修材料。我国《室内空气质量标准》规定室内氨的浓度为0.203mg/m$^3$（1小时均值）。

（6）多开窗通风，尽量减少室内空气污染。

常识速记

除了上述措施外，还可以在室内养些植物，如龟背竹、虎尾兰和叶兰等绿色植物，有利于对氨的吸收，净化室内空气。

## 11 什么是氮氧化物？

氮氧化物是氮的氧化物的总称，包括氧化亚氮、一氧化氮、二氧化氮、三氧化二氮等。氮氧化物因氧化程度不同而呈现不同的颜色（黄至深棕色）。氮氧化物除二氧化氮外均不稳定。

常识速记

职业环境中接触的几种气体的混合物称为硝烟，其中主要是二氧化氮和一氧化氮。一氧化氮为无色、无臭气体，它在大气中的浓度对人体不会产生有害影响，但当它转变成二氧化氮时，就会有刺激性，并对人体产生危害。

## 12 可能引起氮氧化物中毒的作业有哪些？

（1）制造硝酸、氮肥等的工厂，这些工厂在生产中常会排出氮氧化物。

（2）硝基炸药的制造作业。

（3）高温作业会使空气中的氮气与氧气合成氮氧化物。

（4）长期接触汽车、内燃机尾气的作业。

## 13 氮氧化物中毒的症状是什么?

二氧化氮是一种褐红色的气体，有强烈的刺激性气味，相对密度为1.59，易溶于水。二氧化氮溶于水后，会生成腐蚀性很强的硝酸，对人的眼睛、呼吸道黏膜和肺部组织有强烈的刺激及腐蚀作用，严重时还可以引起肺水肿。

**常识速记**

二氧化氮中毒有潜伏期，也就是说有的人在严重氮氧化物中毒时不会有明显的感觉，还可以继续坚持工作，但6~24小时后，中毒症状开始出现，中毒者的手指头会出现黄色斑点，并出现剧烈的咳嗽、头痛、呕吐等症状，严重的可导致死亡。

## 14 怎样预防氮氧化物中毒?

（1）尽可能从生产工艺流程中消除有毒物质，即在条件允许的情况下，可以使用其他无毒的物质代替氮氧化物。

（2）封闭生产设备，尽可能降低毒物的浓度，加强作业环境中的通风排毒，也就是在有毒物质的生产过程中，如密闭不严或条件不允许密闭，仍有毒物逸散到作业环境的空气中时，应采取局部通风排毒系统将毒物排出。

# 第四部分

# 窒息性气体中毒及预防

## 01 什么是一氧化碳?

一氧化碳是一种无色、无味、无臭的气体，可燃，与一定比例的空气混合可引起爆炸。一氧化碳主要来源于一些含碳物质的不完全燃烧。它微溶于水，易溶于氨水。

## 02 一氧化碳对人体有哪些危害?

一氧化碳进入人体后，首先与血液中的血红蛋白相结合，因而减少了血红蛋白与氧结合的机会，使血红蛋白失去输氧的功能，从而造成人体血液“窒息”。

一氧化碳进入人体后，通过肺泡进入血液循环，与血液中的血红蛋白和血液外的其他某些含铁蛋白质形成可逆性的结合。

常识速记

由于一氧化碳与血红蛋白的亲和力要比氧与血红蛋白的亲和力大240倍，故它会把血液内氧合血红蛋白中的氧排挤出来，从而形成碳氧血红蛋白。有研究表明，碳氧血红蛋白的离解比氧合血红蛋白的离解慢3600倍，故碳氧血红蛋白较之氧合血红蛋白更为稳定。

## 03 可能引起一氧化碳中毒的作业有哪些？

（1）炼焦、炼钢的冶金工业。

（2）锻造、铸造的机械工业。

（3）锅炉的加热作业。

（4）化学工业的原料。

常识速记

日常家庭生活中使用的煤炉、燃气热水器以及汽车尾气等也有可能引起一氧化碳中毒。

## 04 一氧化碳中毒的症状是什么？

（1）一氧化碳急性中毒的病人常表现为，中毒病人的皮肤黏膜呈樱桃红色。

（2）一氧化碳慢性中毒的病人一般表现为神经衰弱综合征，如出现失眠等症状。

**常识速记**

有部分病人一氧化碳急性中毒苏醒后可有2~60天的“假愈期”，也就是说，从表面上看似乎没有中毒症状了，实际上一段时间（2~60天）后机体的中毒症状反而会加重，可出现“急性一氧化碳中毒神经系统后发症”。

## 05 一氧化碳中毒的急救措施有哪些？

针对一氧化碳中毒病人应注意以下几点：

（1）迅速离开中毒现场。将病人移至通风处，密切观察其意识状态。对于轻度中毒者，可不必给予特殊治疗。

（2）对中度中毒者应对症治疗或给其吸氧。对于中度一氧化碳中毒病人要及时给其吸氧，最好采用高压氧治疗。

（3）严密注意脑缺氧和脑水肿的发生；重度中毒者可进行人工呼吸、吸氧、高压氧治疗，防治脑水肿；应加强护理，积极防治各种并发症，预防迟发性脑病。对迟发性脑病的病人可给予高压氧、糖皮质激素、血管扩张剂或抗震颤麻痹药物以及其他治疗。

（4）要适当延长使用高压氧进行治疗的时间，严防急性一氧化碳中毒神经系统后发症的发生，并注意充分休息，加强营养。

常识速记

为有效预防一氧化碳中毒，作业场所应设置监测报警仪器仪表；设置通风设备；现场设置氧气防护面具。

## 06 什么是硫化氢?

硫化氢是一种无色、微甜、具有强烈臭鸡蛋气味的气体。硫化氢在空气中的浓度很低，当达到0.0001%时，人就可以闻到。硫化氢的相对密度为1.19，易溶于水。在常温、常压下1个体积的水可溶解2.5个体积的硫化氢。

硫化氢具有可燃性，当空气中硫化氢的浓度达到4.3%~45.5%时，有爆炸危险。硫化氢可以溶于水、乙醇、汽油、煤油、原油，最容易积存在老巷子的积水或一些地势低洼的地方。

## 07 可能引起硫化氢中毒的作业有哪些?

（1）含硫矿石冶炼和石油开采、提炼及使用的作业。

（2）生产和使用硫化染料的作业；生产人

造纤维，合成橡胶作业；造纸、制糖、皮革加工等作业。

（3）生产原料腐败时也可产生硫化氢。

（4）下水道疏通、粪坑清除作业等。

## 08 硫化氢中毒的症状和危害有哪些？

（1）当硫化氢的浓度很低时，多会刺激人眼睛和呼吸道出现如流眼泪、咳嗽等症状。

（2）当硫化氢的浓度达到中等浓度，即大于 200mg/m$^3$ 时，除了会刺激人眼睛和呼吸道出现症状以外，还会导致人出现头昏、头痛、呕吐、共济失调、意识障碍等一系列中枢神经系统症状。

（3）当人接触到高浓度的硫化氢，即大于 700mg/m$^3$ 时，就会出现以中枢神经系统损害为主的症状，可引起结膜炎、角膜溃疡、支气管炎，甚至中毒性肺炎和肺水肿、脑水肿。

（4）当人体在较短时间内接触到极高浓度

的硫化氢，即大于900mg/m³时，可直接抑制呼吸中枢的活动，导致呼吸和心脏骤停，发生“电击样”死亡。

常识速记

硫化氢是一种窒息性气体，具有强烈刺激作用。当空气中硫化氢的浓度较低时，会产生腐蚀刺激作用；浓度较高时，能引起人迅速昏迷或死亡。

## 09 硫化氢中毒的急救及预防措施有哪些?

（1）迅速将硫化氢中毒病人撤离现场，并将他们移至空气新鲜的地方。

（2）进行对症抢救，具体措施包括人工呼吸，注射强心剂、呼吸兴奋剂、解痉剂等。

（3）对出现昏迷症状的病人给予吸氧，最好能立即进行高压氧治疗。这样可以避免后遗症的发生，或减轻很多后遗症的症状。

（4）硫化氢中毒的治疗有特效解毒剂，即

用 20~40mL 浓度为 10% 的硫代硫酸钠进行静脉注射，可加速毒物代谢，减轻中毒症状。

常识速记

要防治因硫化氢中毒引起的肺水肿和脑水肿的发生，可以早期、足量、短时间应用肾上腺皮质激素。

## 10 什么是氰化氢?

氰化氢是一种无色、具有苦杏仁味的气体，比重 0.93，易扩散，易溶于水，也可溶于脂肪及有机溶剂，其水溶液为氢氰酸。

氰化氢主要经呼吸道进入体内，也可经皮肤吸收而引起中毒。氰离子与氧化型细胞色素氧化酶中的三价铁离子结合可引起组织细胞的缺氧窒息；另外，氰化物还能与体内的高铁血红蛋白结合，形成氰化高铁血红蛋白。

## 11 可能引起氰化氢中毒的作业有哪些?

在生产劳动过程中，有很多情况可以引发氰化氢中毒。因此在生产现场应设置通风设备，加强通风；设置监测报警仪器、仪表；设置防毒面具。

有可能引起氰化氢中毒的作业有：电镀、钢铁热处理、贵重金属的提炼、制药、合成纤维、灭鼠剂、杀虫剂的生产等。

## 12 氰化氢急性中毒的症状是什么?

(1) 接触氰化氢的浓度不同，所表现出的症状也不同。当接触氰化氢的浓度相对较低时，不会引起人的瞬间死亡，其临床经过可分四期：前驱期、呼吸困难期、痉挛期和麻痹期。

(2) 当吸入高浓度的氰化氢时，可引起

"电击样"死亡。这里要注意的是：急性窒息的重要特征是意识障碍、突然昏倒，需排除心脑血管意外和中暑，判定窒息病因，以便采取正确的急救和预防对策。

常识速记

高浓度窒息性气体吸入所致窒息具有发病骤急、突然昏倒、多无先兆、病死率高等特点。病人在感到不适与难以忍受时，即已昏倒在地，即"闪电样"发病。

## 13 氰化氢慢性中毒的症状是什么？

氰化氢的慢性中毒常表现为类神经症、骨骼肌酸痛和活动障碍，并伴有眼和上呼吸道刺激症状，皮肤出现斑疹、丘疹或疱疹。有的表现为容易昏厥、尿频及排尿灼痛等症状。

## 14 氰化氢中毒有什么表现?

氰化氢中毒可根据接触史及临床表现、现场调查等多项指标来诊断。氰化氢有一些特殊表现有利于诊断，如中毒病人呼出的气体中含有苦杏仁的气味、皮肤黏膜呈鲜红色以及尿样检查出现硫氰酸盐的大量增加等。

## 15 氰化氢中毒的急救需要注意什么?

(1) 立即帮助病人撤离现场。首先将氰化氢中毒病人移至空气新鲜的地方，其次对其进行有针对性的抢救。

(2) 脱去氰化氢中毒病人身上被污染的衣物，用肥皂水或清水洗净被氰化物污染的皮肤，同时要注意让病人静卧，保暖。

(3) 尽快改善氰化氢中毒病人的缺氧状况。重度中毒者宜早用高压氧治疗，但吸入高浓度的氧（>60%）持续时间不应超过 24 小时，以免发生氧中毒。

（4）要及时进行对症治疗，可以用亚硝酸钠—硫代硫酸钠疗法对氰化氢中毒病人进行特效解毒治疗。

# 第五部分

# 有机溶剂中毒及预防

## 01 什么是苯类物质?

苯类物质主要是指苯、甲苯和二甲苯。在这三种物质中，苯的毒性最大。苯是一种无色、具有芳香气味的有机溶剂，苯属于芳香烃类化合物，为无色芳香液体，易发挥，微溶于水。苯环上的氢原子可被卤素、硝基、磺酸基取代生成硝基和磺酸基化合物。甲苯、二甲苯理化特性类似，均为无色透明，带芳香气味、易挥发的液体，均不溶于水。

常识速记

二甲苯主要来源于黏合剂、杀虫剂、聚酯纤维、墙纸和油漆等。二甲苯是一种麻醉剂，长期接触可导致神经系统功能紊乱。吸入高浓度的二甲苯可使人出现食欲减退、恶心、呕吐和腹痛等症状，严重的可引起肝、肾的损伤。

## 02 可能引起苯类物质中毒的作业有哪些?

（1）作为有机化学合成的原料，用于制造苯乙烯、合成橡胶、生产塑料等的作业。

（2）作为溶剂、萃取剂、稀释剂用于油漆、黏胶、树脂、制药、制鞋等作业。

（3）生产苯、煤焦油分馏和石油裂解等生产作业。

（4）苯含量过高的装潢业。装潢业中的苯主要来自室内装修用的胶黏剂、涂料、木器漆、合成纤维、防水材料、烟草燃烧的烟雾、打印机、黏合剂和清洁剂等。

## 03 苯中毒的症状和危害有哪些?

苯可以引起急性中毒、亚急性中毒和慢性中毒。

（1）急性苯中毒多为短时间内吸入大量苯

蒸气或口服过量液态苯后出现的兴奋或酒醉感，伴有黏膜刺激症状，可有头晕、头痛、恶心、呕吐、步态不稳等症状。重症苯中毒病人可出现昏迷、抽搐、呼吸及循环衰竭等症状。病人的尿酚和血苯也会增高。

（2）亚急性苯中毒多为短期内吸入较高浓度的苯后引起的。病人可出现头晕、头痛、乏力、失眠等症状。经 1~2 个月后可发生再生障碍性贫血。

（3）慢性苯中毒主要对造血系统造成损害。例如，齿龈、鼻腔出血，皮肤黏膜出血，月经过多，大便带血；血液检查可见白细胞减少，尤以颗粒性白细胞减少更为显著，淋巴细胞相对增高；症状严重时血小板也减少，血液中发现未成熟的髓细胞；红细胞减少且大小不等，幼稚红细胞增多，血红蛋白下降；黄疸指数升高，尿胆元排出增加等。对神经系统的损害常表现为早期身体出现各种机能性反应。

## 04 预防苯中毒的方法有哪些?

（1）生产或装修过程中，尽可能用无毒或低毒的物质取代苯，比如可以用甲苯、二甲苯来代替苯。装修时，选用符合国家标准、污染少的装修材料，如选用正规厂家生产的油漆、胶和涂料或选用无污染的水性材料等。

（2）改革生产工艺、施工工艺和加强通风排毒。比如，有的单位施工工艺不规范，如用油漆代替 107 胶封闭墙面，结果反而增加了空气中苯的浓度。

（3）加强卫生保健措施以及室内环境污染的检测。目前，室内甲醛、苯、氨、挥发性有机化合物、氡五项指标已经被列入国家建筑装饰工程强制检测项目。检测结果符合国家标准才可以使用。国家《室内空气质量标准》规定域值如下：苯为 0.11mg/$m^3$（1 小时均值）；甲苯为 0.20mg/$m^3$（1 小时均值）；二甲苯为0.20mg/$m^3$

（1 小时均值）。

常识速记

装修后的办公室不宜立即迁入，并注意布艺沙发和油漆家具的选择，防止因家具选择不当造成室内苯类物质污染。经常开窗通风，以加快室内有毒有害气体的释放。在作业环境中应配发防护面罩，设置通风设施，最好经过一段时间后再使用。

## 05 苯中毒的急救措施有哪些?

（1）脱离苯接触，对症处理。应将急性苯中毒病人移至空气新鲜处，脱去被苯污染的衣服，清除身体表面的污染物。

（2）尽量卧床休息，静脉注射大剂量葡萄糖醛酸和维生素 C。

（3）有再生障碍性贫血者，可给予小量多次输血及糖皮质激素治疗，其他疗法与贫血者的内科治疗方法相同。

常识速记

治疗慢性苯中毒的关键是使用有助于恢复骨髓造血功能的药物，并对症治疗。慢性重度苯中毒再生障碍性白血病与白血病的内科治疗方法相同。

## 06 什么是二硫化碳?

二硫化碳为易挥发的液体，纯品无色，具醚样的气味。工业品即使纯度达99.9%，仍有烂萝卜样气味。二硫化碳极易燃烧，几乎不溶于水，能与乙醇、醚、苯、氯仿、四氯化碳、脂油以任何比例混溶，腐蚀性强。

## 07 可能引起二硫化碳中毒的作业有哪些?

(1) 工业上二硫化碳作为磺化剂用来制造

黏胶纤维、玻璃纸。

（2）以二氧化硫作为油脂、蜡、漆、橡胶、硫、碘等溶剂的作业等。

## 08 二硫化碳中毒的症状和危害有哪些?

（1）急性二硫化碳中毒仅见于生产事故，其中轻度中毒表现为眩晕、头痛、恶心、步态蹒跚等酒醉样及精神症状，并有感觉异常、四肢无力等神经系统症状。重度中毒表现为先呈现极度兴奋状态，后出现谵妄、意识丧失、痉挛性震颤、瞳孔反应消失、体温下降，很快昏迷甚至死亡等症状。

（2）亚急性二硫化碳中毒往往经数周或数月可突然发病，表现为躁狂或抑郁型精神病，可伴有幻觉与妄想，甚至癫痫。

（3）慢性二硫化碳中毒主要以损害神经系统和心血管系统为主，表现为神经衰弱综合征、视觉功能障碍、视神经萎缩、全身性血管粥样硬化改变等。

## 09 二硫化碳中毒的预防措施有哪些?

（1）人造纤维厂中主要加强生产设备的密闭，并采用吸风装置，以降低空气中二硫化碳的浓度。

（2）加强个人防护，工作时穿工作服、胶鞋、戴乳胶手套等个体防护用品。

（3）加强营养，平时多注意补充含有维生素、锌等元素的食品。

（4）就业前要进行体检，患有神经、精神和心血管疾病的人，不宜从事接触二硫化碳的工作。

**常识速记**

工作过程中要定期体检，如每年体检1~2次，具体检查包括心电图、血压、眼底检查等项目。

# 第六部分

# 苯胺中毒及预防

## 01 什么是苯胺?

苯的氨基、硝基化合物又称芳香族氨基、硝基化合物，是苯及其同系物的苯环不同位置上的氢原子被不同数量的氨基或硝基取代。在常温下，大多数呈固体或液体状，沸点高，挥发性低，难溶或不溶于水，易溶于脂肪和有机溶剂。

苯胺有特殊臭味，是无色油状液体，接触空气和光线后变黑，分子式为 $C_6H_5NH_2$，分子量 93.1，熔点 -6.2℃，沸点 184.3℃，蒸气密度 3.22g/L，略溶于水，易溶于乙醇、苯、乙醚、氯仿等，呈弱碱性，遇热、明火可燃。苯胺与氧化物会发生剧烈反应，不能与硝酸、硫酸、过氧化钠等物质共存。

## 02 可能引起苯的氨基、硝基化合物中毒的作业有哪些?

（1）苯的氨基、硝基化合物是化工生产的

重要原料或中间体，广泛用于染料、农药、橡胶、塑料、油漆、合成树脂、油墨等工业。

（2）三硝基甲苯作为炸药被广泛应用于国防、采矿、开掘隧道，主要以粉尘或蒸气的形式存在，可经呼吸道和完整无损的皮肤吸收。

常识速记

从事印染、染料制造、硫化橡胶、照相显影剂、溶剂、生产树脂、制药等工作的作业人员如不注意加强个体防护，常会出现苯胺中毒。

## 03 苯胺中毒的危害有哪些？

苯胺可经皮肤、呼吸道和消化道进入人体，其中经皮肤吸收是苯胺中毒的主要途径。它在体内氧化后生成苯基羟胺、对氧基酚等强烈致高铁血红蛋白形成剂，使红细胞失去携氧能力，造成肌体各组织缺氧，引起中枢神经系统、心血管系统以及其他脏器的损害。

常识速记

苯胺还能引起红细胞内珠蛋白变性，形成赫恩滋小体，使细胞膜脆性大，易于破坏，从而导致溶血性贫血。

## 04 轻度苯胺中毒的表现是什么？

轻度苯胺中毒常表现为轻度的发绀、乏力、头痛、头晕等。高铁血红蛋白检查为10%～30%。中度苯胺中毒的症状除上述症状外，发绀更加明显，还有恶心、食欲下降，有时会出现呕吐、心悸、气急、脉率加快的症状。高铁血红蛋白检查在30%～50%。

## 05 重度苯胺中毒的表现是什么？

重度苯胺中毒者常表现为脉率的加快，有时候与发绀程度不平行，即脉率加快而发绀程度不加重或加重程度不快；呼吸加快，意识障碍，抽搐；有时会出现严重溶血性贫血、肝脏、肾脏损害等情况。此时，实验室检查发现患者的高铁血红蛋白检查大于50%，赫恩滋小体检查大于50%。

## 06 苯胺中毒的急救措施是什么？

苯胺中毒后应第一时间进行急救和治疗，急救时需要注意以下几点。

（1）一般处理。迅速将病人转移至空气新鲜处，立即脱去污染衣服，并注意保暖，保持安静。若皮肤污染，可用肥皂水和清水彻底冲洗。

（2）高铁血红蛋白血症的治疗。当实验室检查发现患者血液中的高铁血红蛋白的浓度在30%以下时，可给其服用大量维生素C及含糖饮料；当血液中的高铁血红蛋白的浓度在30%以上时，使用美蓝治疗效果更好。

（3）严密观察苯胺中毒病人的身体情况，

及时给予对症治疗。病人出现发绀时，应立即给予氧气吸入，注意维持病人的心血管功能。

（4）病人出现溶血性贫血时，可根据病情进行输血，必要时采用换血疗法治疗。

# 第七部分

# 有机磷农药中毒及预防

## 01 什么是有机磷农药？

有机磷农药是农药中一类含磷的有机化合物，种类很多，目前大量生产与使用的有 60 多种，按结构则可划分为磷酸酯及硫代磷酸酯等。有机磷农药绝大多数为脂溶性物质，一般比较稳定。纯品一般为白色晶体，工业品为淡黄色或棕色油状液体。有机磷农药有特殊的蒜臭味，挥发性大，对光、热不稳定。

常识速记

目前最常用的有机磷农药有：敌敌畏、敌百虫、乐果、甲基内吸磷、内吸磷（1509）、对硫磷（1605）、甲基对硫磷、甲拌磷（3911）、马拉硫磷（4049）等。

## 02 有机磷农药有哪些性质?

(1) 溶解性。由于各种有机磷农药的极性强弱不同，故对水及各种有机溶剂的溶解性能也不一样，但多数有机磷农药难溶于水，可溶于脂肪及各种有机溶剂，如丙酮、石油醚、正己烷、氯仿、二氯甲烷及苯等疏水性有机溶剂，乙酯、二甲基亚砜等亲水性有机溶剂。

(2) 水解性。因有机磷农药属酯类（磷酸酯或硫代磷酸酯)，故在一定条件下能水解，特别是在碱性介质、高温、水分含量高等环境中，更易水解。如敌百虫在碱性溶液中易水解为毒性较大的敌敌畏。

(3) 氧化性。有机磷农药中，硫代磷酸酯农药在溴作用或紫外线照射下，分子中的 S 易被 O 取代，生成毒性较大的磷酸酯。

## 03 可能引起有机磷中毒的作业有哪些？

（1）在有机磷农药的合成、加工、包装等生产过程中，由于生产设备密闭不严或发生故障，可使药剂溅到皮肤、黏膜上，导致空气受到污染，从而引起人员中毒。

（2）在出料、分装及设备检修时，空气中农药的浓度更高，且皮肤接触的机会也较多，易引起中毒。

（3）在装卸、运输、供销、保管过程或使用过程中，如果不注意防护，也可接触到有机磷农药，引起中毒。

## 04 急性有机磷农药中毒的症状有哪些？

（1）毒蕈碱样症状。出现较早，主要表现为食欲减退、恶心、呕吐、腹痛、腹泻、流涎、多汗、视物模糊、瞳孔缩小、呼吸困难等。

（2）烟碱样症状。病人出现全身紧束感，眼、舌、颈部肌肉震颤或痉挛，严重时可因呼吸肌麻痹而死亡。

（3）中枢神经系统症状。头昏、头痛、乏力、烦躁不安、意识模糊、惊厥、昏迷等，甚至出现呼吸中枢麻痹而危及生命。

常识速记

有机磷农药进入人体主要经过消化道、呼吸道、皮肤黏膜三条途径。其在肝脏的浓度最高。进入肌体的毒物主要经肾脏排出，经过48小时可完全排出体外。

## 05 什么是中间综合征?

发生于中毒后24~96小时或2~7天，在胆碱能危象和迟发性神经病之间的中毒症状，称为中间综合征。主要表现为病人抬头困难，眼睑下垂，睁眼困难，复视，颜面肌、咀嚼肌无力，声音嘶哑，吞咽困难，呼吸肌麻痹，进行性缺氧，意识障碍，昏迷甚至死亡。

常识速记

某些有机磷农药，如乐果和马拉硫磷口服中毒，经急救后临床症状好转，可在数日至一周后突然急剧恶化，重新出现有机磷急性中毒的症状，发生肺水肿，甚至突然死亡。出现这种情况与残留在皮肤、毛发和胃肠道有机磷农药被重新吸收或解毒停药过早有关。

## 06 慢性有机磷农药中毒的危害是什么?

慢性有机磷农药中毒多见于农药生产工人，胆碱酯酶活力明显降低，但症状一般较轻，以中毒性类神经症为主。有些有机磷农药具有致敏作用，可引起支气管哮喘、接触性皮炎或过敏性皮炎。

## 07 有机磷农药中毒的急救措施有哪些?

（1）清除毒物。立即帮病人脱离现场，脱去污染衣物，用清水或肥皂水（忌用热水）彻底清洗皮肤；经消化道进入的应彻底洗胃、催吐、导泻。

（2）迅速给予解毒药物。轻度中毒可单独给予阿托品；中度、重度需要给予阿托品及胆碱酯酶复能剂（如氯磷定、解磷定等）。两者合并使用时，有协同作用，剂量应适当减少。敌敌畏、乐果等中毒时，使用胆碱酯酶复能剂的效果较差，治疗应以阿托品为主。

（3）治疗过程中，特别注意要保持呼吸道通畅。急性中毒病人临床表现消失后应继续观察 2~3 天。

常识速记

在工作中应做好防护措施，生产设备封闭，加强通风；喷洒作业时要顶风前进；不在工作区进食、饮水；佩戴、穿戴防护口罩、防护手套、防护服；离开工作区要清洗、更衣。